PERCEMENT DE L'ISTHME DE SUEZ.

PARIS. — IMPRIMERIE BOISSEAU ET AUGROS,
Passage du Caire, 123-124.

PERCEMENT

DE

L'ISTHME DE SUEZ

NOTICE

GÉOGRAPHIQUE ET HISTORIQUE

ET CONSIDÉRATIONS

SUR LE PROJET DE PERCEMENT D'UN

CANAL RELIANT LA MÉDITERRANÉE A LA MER ROUGE

PAR MAURICE BORDOT

D'APRÈS LES TRAVAUX PUBLIÉS

par

M. FERDINAND DE LESSEPS

Précédée d'une lettre de

M. BARTHÉLEMY SAINT-HILAIRE.

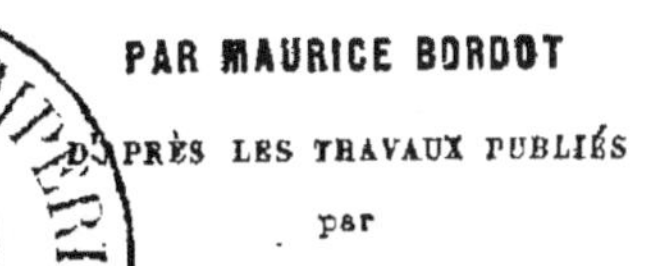

PARIS

LIBRAIRIE DE L. HACHETTE ET Cⁱᵉ,

RUE PIERRE-SARRAZIN, 14.

—

1857

COPIE D'UNE LETTRE

adressée à l'auteur

PAR M. BARTHÉLEMY SAINT-HILAIRE.

Paris, le 23 décembre 1856.

MONSIEUR,

J'ai lu avec beaucoup d'intérêt la brochure que vous m'avez remise; et j'y ai trouvé un résumé clair et fidèle de notre grande entreprise. Je vous félicite de l'enthousiasme qu'elle vous inspire. Le XIXme siècle ne verra pas d'œuvre plus utile que celle-là. Le monde entier en profitera sous le rapport du commerce et de la civilisation; mais ce seront surtout les peuples qui ont de puissantes colonies en Asie qui en tireront le plus grand avantage, ainsi que vous l'avez dit.

Agréez, Monsieur, mes salutations bien cordiales.

Votre dévoué concitoyen,

BARTHÉLEMY SAINT-HILAIRE.

NOTICE

SUR

L'ISTHME DE SUEZ

Prenons courage, un meilleur avenir
s'approche.   (THÉOCRITE.)

Une question qui, depuis longtemps, agite l'Europe
commerciale et opérera dans le monde une révolution
non moins importante que l'invention de la boussole et
la découverte de la vapeur, va recevoir enfin une solution : nous voulons parler du percement de l'isthme de
Suez.

Mais, avant d'entrer dans les considérations relatives
à cette grande entreprise et à l'avenir qui lui est réservé,
nous allons donner à nos lecteurs un aperçu géographi-
que et historique de l'isthme, qui bientôt doit ouvrir au
commerce et à la civilisation une voie courte et sûre vers
des contrées fertiles qu'une longue et souvent dangereuse
navigation en a éloignées. Les côtes de l'Afrique et de

l'Arabie, l'Inde et la Chine même sont plongées dans une ignorance qui laisse enfouies de grandes richesses, dont l'exploitation serait en même temps une source de jouissances et de prospérité pour les indigènes de ces pays et pour les Européens, et propagerait, par de plus fréquentes relations, les lois et les usages de nos contrées civilisées. L'Abyssinie (1), qui élève de nombreux troupeaux et possède, ainsi que la Nubie, des mines d'or, d'argent, de cuivre, de fer, de plomb, de soufre ; des carrières de marbre, de porphyre ; de vastes forêts pour les bois de construction et d'ébénisterie ; l'Yémen, le Hedjaz, Mascate et les côtes d'Afrique, qui sont très riches en café, gomme arabique, musc, ivoire, peaux, etc., verront en effet, par l'ouverture de ce canal, leurs produits s'écouler et leur prospérité s'accroître.

L'isthme de Suez réunit les deux continents d'Asie et d'Afrique. Cette langue de terre occupe une largeur d'environ 30 lieues, en prenant ses points extrêmes, Péluse au nord et Suez au midi (2). Sa surface présente une plaine aride, descendant en pente douce ; des dernières collines de l'Asie, à l'est, et remontant vers le Nil, à l'ouest. De ce côté on rencontre une assez forte végétation que le fleuve y fait croître et entretient du limon de ses débordements.

L'examen de la constitution géologique du sol à s?

(1) Un bœuf s'y vend 10 fr.; un mouton, 5 fr.; une mule, 25 fr.

(2) Sur la Méditerranée, l'isthme est à 75 lieues d'Alexandrie et 600 d'Alger, à l'ouest ; il est à 60 de Beyrouth et 225 de Smyrne, au nord ; à 800 lieues de Gibraltar, à 640 de Marseille, 380 de Constantinople et 530 d'Odessa.

surface, et surtout les sondages exécutés en 1855 et 1856, font présumer que, dans les premiers âges du monde, la mer Méditerranée communiquait avec la mer Rouge, faisant ainsi de l'Afrique une île immense. On trouve en effet, à 30 kilom. de Suez, un vaste bassin desséché dit des *Lacs Amers*, couvert de coquillages analogues à ceux de la mer Rouge et de sel marin cristallisé ; on ne peut donc révoquer en doute que la mer Rouge avançait dans les terres au moins jusqu'à cette limite.

Un peu plus loin, le lac *Timsah* (crocodile), situé à peu près à égale distance des deux mers, contient, dans sa partie septentrionale, une eau saumâtre, beaucoup plus salée que celle de la mer ; sa partie méridionale est à sec et entrecoupée de dunes très anciennes. Les bords de ce lac sont couverts de végétation : des roseaux, des arbustes, et principalement des tamarix y croissent sur le limon que laisse le Nil.

A l'ouest du lac Timsah se trouve un long sillon inculte, appelé *Ouadé-Toumilat ;* c'est l'ancienne terre de Gessen (nom qui signifie en arabe et en hébreu pâturages) dont parle la Genèse (1). Ce sillon, qui a environ 10 lieues de longueur, est rempli par le Nil dans les grandes inondations.

Au nord de l'isthme est le lac *Manzaleh*, qui, en y rattachant le lac *Ballah*, est à environ 40 kilomètres du lac Timsah ; il touche, à l'est, la plaine de Péluse, et s'étend, à l'ouest, jusqu'à la branche de Damiette ; il communi-

(1) Genèse LXVII, 11.

que, au nord, avec la mer par l'ouverture de *Oum-Ge-mileh* (mère gracieuse), dont la largeur est de 385 mètres et la profondeur de 1ᵐ,20 dans les basses eaux. Cette ouverture et celle d'*Oum-Fareg* (mère du séparateur) paraissent être les anciennes embouchures Tanitique et Pélusiaque du Nil. Le Manzaleh n'est séparé de la Méditerranée que par un étroit cordon de sable que les vagues franchissent dans les gros temps. Il est rempli de petites îles : celles de Matarieh seules sont habitées ; celles de Tennis et de Tounah, situées à peu près entre Oum-Fareg et Oum-Gemileh, et qui florissaient au temps d'Auguste, sont aujourd'hui désertes, et n'offrent plus que des ruines. Le Manzaleh a une étendue d'environ 100 kilomètres de longueur sur 40 de largeur. Ses eaux sont très-poissonneuses. Les habitants de Matarieh n'ont d'autre industrie que la pêche, et la chasse qu'ils font aux canards et autres oiseaux aquatiques qui peuplent tous les îlots du lac.

Près du lac Ballah, le terrain, formé de sable, présente une certaine fermeté ; seulement on aperçoit, à une distance de plusieurs lieues, sur la droite, de véritables montagnes de sable qui paraissent être mobiles, mais elles changent plutôt de forme que de place. Le terrain de l'isthme a une surélévation au-dessus du niveau des deux mers qui peut varier entre 1ᵐ,50 et 2ᵐ,50. Deux points font seulement exception : le *Sérapéum* et *El Guisr.*

Le Sérapéum, situé entre les lacs Amers et le lac Timsah, doit son nom aux ruines d'un ancien monument consacré à Sérapis ; il a 14 à 15 mètres de hauteur.

Le plateau d'El Guisr (la chaussée), point le plus élevé de l'isthme (15 à 20 mètres), marque, d'après MM. Mougel-Bey et Linant-Bey, l'endroit où les deux mers se sont rencontrées ; ce qui tend à le prouver, c'est l'amoncellement de sable et de galets dont ce plateau est formé. Dans la suite des siècles, après que les deux mers se furent retirées, les vents et les torrents, entraînant, dans la saison des pluies, des terres et des graviers, ont sans cesse apporté de nouveaux matériaux que la végétation naturelle à cette partie du désert y a fixés.

A l'est de cette ligne que nous venons de parcourir du sud au nord, nous voyons s'étendre une plaine couverte, aux environs du lac Manzaleh, de coquillages, et, à l'est de Péluse, de hautes dunes qui se prolongent jusqu'aux montagnes de la Syrie ; du côté de Suez, cette plaine, élevée de plusieurs mètres au-dessus du niveau de la mer, est couverte de sable et de galets. A l'ouest de cette dernière ville court la chaîne de l'Attaka ; elle laisse entre Suez et ses premiers escarpements une plage d'environ 100 mètres. La composition des montagnes de l'Attaka est formée d'un calcaire offrant à sa surface de nombreuses fissures ; il est dur et compacte sur les points où la roche vive est à nu, et il a la plus grande analogie avec les pierres qui ont servi pour la construction des pyramides.

Malgré l'aridité actuelle du sol de l'isthme, quelques villages s'y sont élevés sur l'emplacement des villes an-

ciennes dont les ruines gisent à la surface du sol , et at-
testent, ainsi que les vestiges de canaux creusés par les
Anciens , l'importance qu'ont dû avoir, à des époques
reculées, ces cités que nous allons passer en revue.

Afin de procéder clairement à l'examen de ces villes
déchues de leur ancienne splendeur et de celles qui les
ont remplacées, mais qui ne pourront arriver au même
degré de leurs devancières que par l'ouverture du Canal
des deux Mers, nous partirons du Vieux-Caire, pour re-
monter au nord jusqu'à Péluse , et redescendre ensuite
au midi jusqu'à Suez.

L'an 639 de Jésus-Christ , Amrou-Ben-el-Ass , lieutenant du calife Omar, après avoir fait la conquête de
l'Égypte, en fut nommé gouverneur. Il fit alors cons-
truire *Fostat* (la tente), aujourd'hui le Vieux-Caire, dont
il fit sa capitale. Un peu au-dessus, on voit les ruines
de la *Babylone d'Égypte*, capitale du temps de la domi-
nation des Perses ; c'est près de celle-ci que passait
l'ancien canal de Trajan.

A quelques lieues de l'antique Fostat on trouve les
ruines d'*Héliopolis* ou *On* (1), ville autrefois riche et sa-
vante , qui possédait un temple consacré au Soleil. Cet
astre y était représenté par une statue dorée , sous les
traits d'un jeune homme sans barbe, tenant dans la main
gauche un faisceau d'épis et la foudre , et dans la droite
un fouet ; son attitude était celle d'un conducteur de
chars. Ce fut dans cette ville qu'Hérodote , Platon, Eu-

(1) Genèse XLI, 45.

doxe et Thalès de Milet vinrent étudier les mystères et les sciences, sous la direction des prêtres; elle abrita aussi Joseph et Marie, fuyant, avec Jésus-Christ, la persécution d'Hérode.

Onian, aujourd'hui Tell-el-Yehoudich (montagne des Juifs), où le grand-prêtre Ónias obtint de Ptolémée Philométor la permission de bâtir un temple semblable à celui de Jérusalem, que Vespasien fit fermer vers l'an 70 de Jésus-Christ.

Pharboëtus ou la moderne Belbeys, à 14 lieues du Caire; près de cette ville aboutissait le canal venant de Babylone, continué par Adrien.

Bubastis, ainsi nommée en l'honneur de la déesse Bubastie, divinité égyptienne honorée sous la figure d'une chatte, la Diane des Grecs, est située sur une branche du Nil; son nom arabe est Tel Basta; c'est l'ancienne Phi-Beseth dont parle la Bible (1).

Awaris, maintenant Abascé; à peu de distance de cette ville, vers la pointe du Delta, où se trouve aujourd'hui Salbieh, étaient les anciens bourgs Philon et Facusa; Strabon y place l'origine du canal qui se jetait dans la mer Rouge.

A l'est de *Tel-el-Ouady* (colline de la vallée), formée de l'ancienne Thoum et Pithom (2), sont les ruines de l'antique *Rhamsès* (3), bâtie par les Israélites pendant leur

(1) Ezechiel XXX, 17.

(2) Exode I, 11.

(3) Exode I, 11; — Genèse XLVII, 11.

servitude; c'est de là qu'ils partirent pour passer la mer Rouge. Un village qui s'est élevé en cet endroit se nomme Tel-el-Masrouta.

Entre le lac Timsah et le lac Ballah, on remarque les vestiges de l'ancien canal de Nécos, et au sud du lac Manzaleh, *Daphné* (1), aujourd'hui Tel-Deffeneck, à 10 lieues de Péluse.

En remontant le lac Manzaleh, à l'ouest, on rencontre un petit bourg, nommé *Sàn*, qui fait un grand commerce de dattes; c'est la Tzoan de la Bible (2), la Tanis des Anciens, où Moïse, exposé sur les eaux, fut recueilli par Thermutis, fille de Pharaon. C'est aussi dans cette ville qu'il fit ses miracles pour forcer Aménophis à laisser sortir les Hébreux d'Égypte.

Menzaleh, bourgade située sur la rive droite du canal d'Achmoun, à 16 lieues de Damiette, et à l'ouest du lac qui porte son nom (Manzaleh ou *lac salé*.)

Enfin, à l'est du lac Manzaleh, à 3,000 mètres environ de la mer, on aperçoit les ruines de *Péluse*, connue aujourd'hui sous le nom de Tineh; l'Écriture la nomme Libna (3). Toutmosis III ou Mœris, en s'en emparant, chassa complétement les Arabes pasteurs qui avaient envahi l'Égypte. Environnée de marais, d'où lui vient son nom *Pelusium* (boueux), elle était le rempart de l'Égypte, du côté de la Phénicie et de la Judée. Elle fut

(1) Ezechiel XXX, 18.

(2) Ezéchiel XXX, 14.

(3) Nombres XXXIII, 20.

la patrie du géographe Ptolémée, qui florissait à Alexandrie sous le règne d'Antonin-le-Pieux ; c'est près de ses murs que Pompée fut assassiné. Son nom arabe est Tel-el-Amarchine (Faramah).

Le golfe au fond duquel est située Péluse, a sa rive bordée d'un sable très fin, et l'eau y est limpide ; il s'étend du cap Casius jusqu'à la pointe de Damiette ; sa profondeur est de 20 kilomètres.

En redescendant vers le sud, on rencontre la Migdol de l'Écriture (1), aujourd'hui *Tel-el-Herr*, à quelques lieues de Péluse. Un peu au-dessus du lac Timsah, *Shek-Ennedek*, ancienne Bahal Tséphon (2), et le Sérapéum.

Au sud des lacs Amers, un monument persépolitain marque la place occupée jadis par *Cambysis*. Enfin nous trouvons *Suez*, au nord de laquelle gisent les ruines d'une ancienne ville grecque.

Suez (Soueys), que l'on croit être l'ancienne *Arsinoë* ou *Cléopatris*, est située à l'entrée du golfe qui porte son nom. Au nord, sur un monticule, était *Kolzoum* ou *Clisma*, endroit près duquel les Hébreux traversèrent, à ce qu'on croit, la mer Rouge, ou mer de Kolzoum. Les Français s'en emparèrent en 1798. C'est l'entrepôt des marchandises que l'on exporte de l'Arabie et de l'Inde au Caire, et du Caire en Palestine et en Syrie ; ces marchandises consistent en café, gomme, blé, orge, cochenille, soie, voiles, cordages, fer, plomb, étain, etc. Les

(1) Exode XIV, 2.

(2) ibid.

environs de cette ville sont très stériles, et l'eau bonne à boire y manque totalement. Celle que l'on recueille dans les citernes lorsqu'il pleut, ne suffit pas à la consommation des habitants ; on est alors obligé d'aller au Caire, qui est à 30 lieues de Suez, ou bien d'avoir recours à l'eau des fontaines de Moïse, qui a un goût vaseux. Le transport de cette eau s'effectue dans des outres portées par des chameaux. Le golfe de Suez présente un canal d'une longueur de 290 kilomètres, sur une largeur d'environ 44 kilomètres. La rade, qui se trouve en avant du golfe, est spacieuse et sûre, et peut contenir 500 bâtiments de toute grandeur ; elle a de 5 à 13 mètres d'eau.

Après les détails qui précèdent sur l'isthme de Suez, nous ne pouvons omettre de parler de la culture qui pourrait s'y pratiquer quand le canal dérivé du Nil sera exécuté ; cependant nous le ferons succinctement, en renvoyant à l'excellent travail de M. Mougel-Bey sur la culture en Egypte, publié dans un organe spécial : *l'Isthme de Suez*, journal de l'Union des deux mers.

La température de l'isthme de Suez est plus chaude que celle du midi de l'Europe, et se rapproche de celle d'une grande partie de la Chine ; on peut, par conséquent, y introduire toute espèce de culture, telles que le mûrier, le sorgho, l'arbre à cire, etc., outre celles qui s'y trouvent déjà. Les cultures de l'Égypte sont de deux sortes : celles d'été et celles d'hiver. Dans la Basse-Égypte, les terres sont très fortes et l'évaporation se fait lentement ; ces circonstances favorisent beaucoup les cultures d'été, telles que le riz, indigo, coton, canne à sucre, maïs, luzerne et légumes, parmi lesquels est une espèce de pomme de terre que l'on nomme *goulgass.* Les cultures d'hiver sont le blé, l'orge, les fèves, le lin, le maïs, le trèfle, les lupins et les pois chiches.

Maintenant que nous avons examiné la configuration générale de l'isthme, nous allons entrer dans des détails sur les voies de communication des Anciens, et arriver enfin au projet du percement du nouveau canal.

Depuis les temps les plus reculés jusqu'à nos jours, la jonction de la mer Méditerranée avec la mer Rouge a dû occuper l'esprit des hommes d'État et des conquérants de l'Égypte. En effet, l'importance d'une pareille entreprise n'échappa à aucun d'eux ; mais l'imperfection de leurs travaux relatifs au nivellement, la crainte d'invasions étrangères et surtout les préjugés de religion, entravèrent l'exécution du percement direct, et ce ne fut qu'à plusieurs reprises même que la communication eut enfin lieu par l'intermédiaire du Nil.

D'après Hérodote (1), Nécos (2) ou Néchao, fils de Psammétique (617 à 601 av. J.-C.), aurait commencé

(1) Herod. II, CLVIII.

(2) Nous ferons remarquer, à propos du canal de Nécos, un fait qui donnera raison de l'idée de cette entreprise et constatera en même temps l'influence exercée à cette époque par les Grecs sur les résolutions prises en Égypte, où la reconnaissance de Psammétique les avait nouvellement introduits. Périandre, qui avait succédé à Cypsélus sur le trône de Corinthe, essaya, pendant les dernières années de son règne, de couper l'isthme qui sépare les golfes Corinthiaque et Saronique, au moyen d'un canal. Cette opération, qui demeura infructueuse, paraît avoir eu lieu quelques années avant celle de Nécos.

l'exécution d'un canal que Darius Ier, fils d'Hystaspe (522-
485), aurait terminé. Les travaux furent suspendus sous
Nécos , sur la foi d'un oracle qui lui persuada qu'il tra-
vaillait pour les Barbares. Un fait remarquable à signa-
ler, c'est que 120,000 hommes avaient déjà péri en le
creusant. Ce canal qu'Hérodote a vu, cinquante ans après
Darius, en pleine activité, avait, dit-il, de longueur,
quatre jours de navigation, et était assez large pour que
deux galères pussent y passer ; il partait un peu au-dessus de Bubaste, et aboutissait à la mer Erythrée (mer
Rouge), près de Patumos.

Diodore de Sicile (1) prétend que le canal de Nécos
ne fut pas terminé par Darius , ses ingénieurs lui ayant
fait observer que le niveau de la mer Rouge étant plus
élevé que l'Égypte, le pays serait inondé. Il affirme, au
contraire, que ce fut Ptolémée II Philadelphe, fils de
Ptolémée Lagus, général d'Alexandre, qui l'acheva (280
av. J.-C.), par la construction de barrières ou écluses
qui permirent de naviguer sûrement. Cette apparente
contradiction entre les deux écrivains vient, sans doute,
de ce que, pendant les longues guerres que l'Égypte eut
à soutenir, le canal fut abandonné et comblé. Pline (2)
nous apprend en outre que le canal de Ptolémée s'arrêtait
aux lacs Amers, dans la crainte que le pays ne fût inondé
et les eaux du Nil ne fussent plus potables. Strabon (3),

(1) Liv. I, ch. xxxiii, § 9-12.

(2) Pline le nat., liv. VI, xxxiii.

(3) Strab. XVII, 770, 801, 815.

comme Hérodote, le fait naître près de Bubaste, au bourg Facusa; il lui donne une largeur de 100 coudées, et une profondeur nécessaire au passage des plus forts bâtiments. Il résulte de là que ce canal, alimenté par le Nil, était une dérivation de la branche Pélusiaque.

Les Romains, conservant la même erreur que les ingénieurs de Darius et de Ptolémée, placèrent la prise d'eau du canal près de la Babylone d'Égypte, sous Trajan (98 à 117 après J.-C.), et Adrien (118 à 138). Ce canal, nommé *Trajanus amnis*, rencontrait, près de Pharboëtus, celui de Nécos, et allait avec lui rejoindre une lagune d'eau salée, près de laquelle se trouvait un fossé construit sous Philadelphe, conduisant les eaux jusqu'à la ville d'Arsinoë, au fond du golfe de Suez.

Cette partie du canal fut ensuite ensablée jusqu'à l'époque de la guerre d'Égypte. Omar ordonna à son lieutenant Amrou-ben-el-Ass (639 de J.-C., 17 de l'hégire) de la faire recreuser et nettoyer, afin de pouvoir transporter des vivres à Médine et à la Mecque désolées par la famine. Le canal prit alors le nom de Canal du Prince des Fidèles, et subsista jusqu'en l'an 775 de J.-C. (157 de l'hégire), époque à laquelle Mohammed-ben-Aby-Thaleb se révolta contre le calife abasside Abou-Jafar-el-Mansor (le victorieux), qui ordonna à son lieutenant en Égypte de combler le canal à son embouchure dans la mer de Kolzoum. Cet ordre exécuté, aucun travail ne fut entrepris depuis cette époque, et les choses sont demeurées dans le même état que nous les voyons aujourd'hui.

Ce ne fut cependant ni par oubli ni par négligence que ce canal est ainsi resté comblé ; mais les circonstances politiques seules ont fait ajourner différents projets. Espérons que notre siècle sera plus heureux et verra s'accomplir, à l'abri d'une paix féconde, ce travail gigantesque qui, pendant quinze cents ans, fut imparfaitement compris, et que quelques années vont suffire à réaliser, en satisfaisant tous les intérêts et en bannissant toutes les craintes.

Leibnitz présenta à Louis XIV un mémoire au sujet de la jonction des deux mers, pendant que Charles Olier, marquis de Nointel, ambassadeur de France à Constantinople, de 1670 à 1678, faisait des efforts infructueux auprès de la Porte Ottomane, pour obtenir du sultan Mahomet IV l'autorisation du percement d'un canal. En 1757, le sultan Moustapha III, prince éclairé, fit faire à M. le baron de Tott, alors ambassadeur, un travail sur la jonction des deux mers par l'isthme de Suez ; ce travail, qui devait avoir un commencement d'exécution à la conclusion de la paix, échoua par la mort du sultan.

En 1798, le général Bonaparte, parti en Égypte avec l'élite de ses officiers et une commission de savants, avait reçu du Directoire exécutif la mission d'examiner le percement de l'isthme de Suez. Aussitôt débarqué, il donna les ordres nécessaires à la commission pour l'étude de la coupure de l'isthme. Dans une exploration qu'il fit lui-même, en décembre 1798 et janvier 1799, accompagné des généraux Cafarelli, Berthier, du contre-amiral Gantheaume et des savants Berthollet, Lepère, Monge, etc., il eut la gloire de découvrir le premier les vestiges de l'ancien canal.

M. Lepère présenta au général Bonaparte, alors premier consul, le 24 août 1803, le mémoire de la commission d'Égypte. Il y était constaté que la mer Rouge se trouvait de 9 mètres 908 millimètres plus élevée au-dessus du niveau de la Méditerranée. Les savants Laplace et Fourrier protestèrent ; mais ce ne fut qu'en 1847 et 1853, que de nouveaux nivellements ayant été opérés, on reconnut l'erreur commise par la commission de 1799. Cette erreur, au reste, s'explique aisément par les inquiétudes que l'ennemi suscitait à nos ingénieurs, qui ne purent vérifier leur travail et l'exécutèrent à plusieurs reprises. En recevant ce mémoire, le premier consul dit : « La chose est grande, ce ne sera pas moi » qui pourrai l'accomplir maintenant ; mais le gouver- » nement turc trouvera peut-être un jour sa conserva- » tion et sa gloire dans l'exécution de ce projet. »

Méhémet-Ali, vice-roi d'Égypte, voulut entreprendre en 1843, avec ses seules ressources, la jonction des deux mers ; mais n'ayant pu avoir l'adhésion des puissances qu'il avait cru devoir consulter, il retarda l'exécution de ce projet. En 1846, une société, qui prit le nom de Société d'études du canal de Suez, se forma ; en 1847, M. Paulin Talabot, l'un de ses membres, publia les travaux de la Société, qui avait complétement résolu la question du nivellement et avait constaté que les ingénieurs de la commission d'Égypte s'étaient trompés, car, sauf la différence des marées, la mer Rouge et la Méditerranée ont le même niveau. Dans son Mémoire, M. Talabot présentait aussi un projet personnel de canal dont le tracé indirect n'avait pas moins de 400 kilomètres. Un autre tracé présenté par M. Barrault, et dont la longueur, un peu moindre, était de 500 kilomètres, fut, ainsi que le premier, examiné et réfuté victorieusement par M. Paléocapa, membre de la commission internationale. La question était toujours en suspens, lorsqu'en 1855, le vice-roi d'Égypte actuel, S. A. Mohammed-Saïd-Pacha, accorda, par un firman, à M. Ferdinand de Lesseps, la concession de terrains et le droit exclusif de fonder une compagnie pour le percement de l'isthme de Suez.

Espérons que les paroles du général Bonaparte vont se réaliser enfin, et que le Sultan secondera les efforts du vice-roi d'Égypte, en accordant son autorisation pour l'ouverture du canal des Deux-Mers. Les hommes éminents que Sa Hautesse vient d'appeler en son conseil, nous font espérer que la Turquie ne reculera pas dans la voie de la civilisation qu'elle s'est ouverte, et fera jouir l'Europe, le monde même, du bienfait inestimable qui résulte de la multiplication et de la promptitude des relations entre les peuples. Nous ne conseillerons donc point, la situation d'ailleurs n'est point la même, le gouvernement de S. A. Mohammed-Saïd-Pacha, de s'affranchir de cette autorisation, comme le fit, à une autre époque, Méhémet-Ali, lors de l'établissement du canal du Mahmoudié.

M. de Lesseps, ancien consul général au Caire, avait été à même d'étudier le percement d'un canal à travers l'isthme, et d'apprécier tous les avantages qui pourraient en résulter pour l'Égypte et pour les puissances Européennes, dans leurs relations commerciales avec l'Inde et l'Océanie. Vers la fin de 1854, invité par le vice-roi Mohammed-Saïd à lui rendre visite, et n'ayant reçu de qui que ce soit aucune mission, M. de Lesseps se rendit à Alexandrie. Quelque temps après, dans un petit voyage fait à travers le désert Lybique, il fut question, pour la première fois, entre M. de Lesseps et le vice-roi, du percement de l'isthme de Suez. Mohammed-Saïd, dont l'esprit éclairé fut frappé des avantages que tirerait l'Égypte de cette grande entreprise, et voulant marquer le commencement de son règne par un bienfait universel, demanda un mémoire à ce sujet.

Deux questions se présentèrent alors, ayant chacune en leur faveur des autorités considérables. La première était l'examen du tracé direct de Suez à Péluse, et la seconde devait déterminer s'il n'était pas préférable, en partant de Suez, de rejoindre le Nil et faire aboutir le canal à Alexandrie, en traversant l'Égypte. Ce dernier tracé, que l'on nomme indirect, fut, dès l'abord, écarté par S. A. le vice-roi, qui autorisa la coupure de l'isthme à l'est du cours du Nil, sur tel ou tel point que la science désignerait, mais ne voulut pas léser les intérêts politiques de sa nation en ouvrant le cœur de l'Égypte aux puissances maritimes.

Dans son mémoire présenté le 15 novembre 1854,

M. de Lesseps fit ressortir les avantages financiers et politiques de l'entreprise, et rappela les travaux faits par M. Lepère, de l'expédition d'Egypte, ceux de M. Paulin Talabot en 1854, et ceux de M. Linant-Bey, qui depuis trente ans dirige les travaux de canalisation en Egypte, et qui avait déjà proposé à Méhémet-Ali de couper l'isthme dans sa partie la plus étroite, en établissant un grand port dans le lac Timsah, et rendant abordables aux plus grands navires les passages de Péluse et de Suez.

Après la lecture de ce mémoire, le vice-roi accorda à M. de Lesseps un firman de concession lui donnant le droit de constituer une compagnie sous le nom de *Compagnie universelle du canal maritime de Suez*, ayant pour but : « l'exploitation d'un passage propre à la » grande navigation ; la fondation et l'appropriation de » deux entrées suffisantes, l'une sur la Méditerranée, » l'autre sur la mer Rouge, et l'établissement d'un ou » de deux ports. »

Voici, en résumé, ce que contient cet acte : La concession est de 99 ans, à dater du jour de l'ouverture du canal ; à l'expiration de ce délai, le gouvernement égyptien, qui aura reçu annuellement de la Compagnie 15 p. 0/0 des bénéfices nets, sera substitué à la Société et traitera à l'amiable ou par arbitres de l'indemnité à lui accorder pour son matériel. En outre, le gouvernement égyptien concédera gratuitement tous les terrains nécessaires n'appartenant pas à des particuliers, et ne prélèvera aucun droit sur les matériaux extraits des mines et minières appartenant au domaine public, ni sur ceux venus de l'étranger. Le droit de passage sera égal pour toutes les nations.

La culture des terrains concédés présentera de nombreux avantages : des colons égyptiens pourront s'y établir avec succès et réaliser, à l'aide des nouveaux instruments d'agriculture et l'emploi des machines à vapeur, des bénéfices considérables. L'introduction de cultures spéciales dans l'isthme peut encore offrir des ressources avantageuses, puisque la Compagnie, en employant la culture ordinaire et se servant du cultivateur égyptien, obtiendra, comme minimum de produit, 277 francs par hectare. D'après ce résultat, on peut présumer que l'isthme de Suez, avec le système d'irrigation qu'y établira le canal d'alimentation dérivé du Nil, pourra voir revivre son antique fertilité.

Possesseur de cet acte de concession, il fallait songer à son exécution : c'est ce que fit M. de Lesseps. La première exploration qui marqua le point de départ des travaux à exécuter pour l'accomplissement de cette immense entreprise, eut lieu en décembre 1854 et janvier 1855, par les savants ingénieurs Linant-Bey et Mougel-Bey, munis des instructions que le vice-roi avait chargé M. de Lesseps de leur remettre. Ces instructions se résument ainsi :

Quels seront les travaux à exécuter pour l'entrée du canal du côté de la Méditerranée et pour celle du côté de la mer Rouge ? Les objections relatives aux difficultés de navigation dans cette mer et dans le golfe de Péluse, sont-elles fondées ? Quelle sera l'influence des marées, et quel parti pourra-t-on en tirer sur tout le parcours ? Examiner si les sables des dunes de l'isthme apporteront des obstacles à l'exécution et à l'entretien du canal ? Quelle sera sa direction de Suez aux lacs Amers, de là au lac Timsah, qui doit servir de port intérieur, et du lac Timsah au lac Manzaleh ? Un canal dérivé du Nil et servant de communication, d'alimentation et d'irrigation, devra, aux environs du lac Timsah, auquel il communiquera et dont les quais seront à sa proximité, se séparer en deux branches, dont l'une sera dirigée vers Suez et l'autre vers Péluse. Par cet ingénieux système, l'inconvénient que nous citions plus haut se trouvera anéanti. Suez, en s'agrandissant, ne pourra plus craindre une disette d'eau. MM. les ingénieurs du vice-roi présenteront un devis au *maximum* des dépenses que nécessiteront ces travaux, et, en même temps, un budget *minimum* des revenus présumés du grand canal maritime et du canal d'alimentation ; enfin, ils indiqueront l'époque où ces canaux pourront être livrés à la navigation.

MM. Linant-Bey et Mougel-Bey achevèrent leur travail au mois de mars 1855, et conclurent, pour le tracé direct de Suez à Péluse, en portant le chiffre de la dépense totale à 200 millions de francs, et le revenu annuel, en nombre rond, à 30 millions. Le canal serait exécuté en six années. Telles sont les questions qui furent étudiées et résolues par ces deux éminents ingénieurs dans leur avant-projet.

Voilà l'exposé sommaire de la question du percement
de l'isthme de Suez. Examinons à présent les travaux qui
ont amené la solution complète de cette question, dont
le monde sera principalement redevable à l'énergique
persévérance de M. Ferdinand de Lesseps, et à l'esprit
civilisateur du vice-roi d'Egypte actuel, S. A. Mohammed-Saïd-Pacha.

Aussitôt que MM. les ingénieurs du vice-roi eurent
présenté leur avant-projet, M. de Lesseps s'adressa aux
hommes les plus savants de l'Europe, désignés par leur
gouvernement et autorisés à se former en commission,
afin de vérifier les propositions émises, et de décider en
dernier ressort le tracé définitif et les travaux à exécuter.

Cette commission fut ainsi composée :

Pour l'Angleterre, MM. Rendel et Mac-Clean, ingénieurs en chef, M. Charles Manby, secrétaire de l'Institut
des ingénieurs civils de Londres, et M. Harris capitaine
de la marine britannique des Indes ; pour l'Autriche,
M. de Négrelli-Moldelbe, conseiller de cour, inspecteur
général des chemins de fer de l'Empire ; pour l'Italie,
M. Paléocapa, ministre des travaux publics à Turin ;
pour la Hollande, M. Conrad, ingénieur en chef du Wa-
terstaat ; pour la Prusse, M. le conseiller Lentze, directeur des travaux hydrauliques de la Vistule ; pour la
France, M. Renaud, inspecteur général des ponts-et-
chaussées, M. Lieussou, ingénieur hydrographe de la
marine, M. le contre-amiral Rigault de Genouilly et
M. Jaurès, capitaine de vaisseau ; et pour l'Espagne, don

Cipriano Segundo-Montesino, directeur général des travaux publics à Madrid.

Dans une première réunion, tenue à Paris le 30 octobre 1855 , la commission résolut de ne pas s'astreindre à l'examen d'aucun des tracés proposés, mais bien d'étudier la question du canal des Deux-Mers, et, dans ce but, elle se rendit en Egypte.

Partie le 8 novembre, à bord de l'*Osiris*, elle arriva le 18 à Alexandrie, examina pendant trois jours la rade et les environs de cette ville, et, le 23, fut reçue avec magnificence par S. A. Saïd-Pacha au barrage du Nil. Après avoir visité dans la haute Egypte le cours de ce fleuve, et étudié différentes questions qui se rattachent à l'entreprise du futur canal et à des travaux hydrauliques que projette le vice-roi, elle partit du Caire pour Suez, où elle arriva le 16 décembre. La commission consacra cinq jours à l'étude de la rade, constata le régime des eaux, des marées et des vents, et reconnut que la rade était excellente; elle désigna les carrières de l'Attaka comme pouvant fournir les matériaux nécessaires aux travaux des jetées; enfin, elle commença le 21 son exploration dans l'isthme.

Vérifiant les sondages, au nombre de dix-neuf, ordonnés et exécutés depuis près d'un an, la commission arriva le 28 décembre à Péluse. Cette excursion, qui ne dura pas moins de dix jours, eut pour résultat de faire reconnaître qu'aucune difficulté ne pouvait être soulevée pour l'exécution du canal des Deux-Mers. La commission explora ensuite la rade de Péluse, où elle reconnut que les profondeurs de 9 mètres se trouvaient à 2,300 mètres de la plage, sur une longueur de plus de 5 lieues. Les bancs de vase que l'on y supposait n'existent pas. Enfin, rentrant à Alexandrie le 1er janvier 1856, elle remit quelques jours après, à S. A. Saïd-Pacha, un rapport sommaire sur le résultat de son exploration.

Revenue en Europe, la commission s'occupa de son rapport définitif (1). Une sous-commission nommée dans son sein prépara les travaux. M. Mougel-Bey, venu d'Égypte pour donner toutes les explications nécessaires sur l'avant-projet, en faisait partie.

La commission se réunit alors, le 23 juin dernier, à Paris. Cette séance, à laquelle assistait M. Jomard, un des derniers représentants de la commission scientifique en Egypte de 1798, eut pour résultat le rejet de tous les systèmes de tracés indirects, et l'adoption du tracé de Péluse à Suez. La commission décida ensuite que le canal serait alimenté par l'eau de la mer et non par le Nil; que la navigation resterait libre dans les lacs Amers, partie dans laquelle le canal ne serait point endigué, et que le lac Timsah servirait de port de radoub et de ravitaillement. Le canal, qui n'aura pas d'écluses dans tout son parcours, sera d'une largeur de 100 mètres à la ligne d'eau (64 mètres au plafond), dans la partie comprise entre les lacs Amers et Suez; dans tout le reste de son parcours, cette largeur sera de 80 mètres (48 au pla-

____

(1) Ce rapport, entièrement terminé, vient de paraître avec un atlas complet.

fond). La commission décida aussi que le nouveau port à créer, et que l'on nommerait port Saïd, entre Oum-Fareg et Oum-Gemileh, ainsi que le port de Suez, seraient pourvus de phares à feux tournants de premier ordre. Les côtes d'Egypte, du fort Marabout, à l'ouest d'Alexandrie, jusqu'au-delà de Péluse, et les côtes de la mer Rouge, sur les points dangereux, seront aussi pourvus de phares.

Telles sont les résolutions prises par ces hommes éclairés, qui prouvent aux détracteurs de l'entreprise du canal de Suez que, sous le point de vue de la science, ce projet n'est point irréalisable, comme ils l'ont souvent écrit et jamais prouvé.

Une objection, et qui seule paraissait sérieuse, était l'embarras et les lenteurs du transport d'ouvriers européens, ainsi que les sommes considérables que ce déplacement aurait coûtées. Par un acte du 20 juillet dernier, le vice-roi, de concert avec M. de Lesseps, vient d'aplanir ces difficultés. Les ouvriers employés à la construction du canal seront fournis, d'après les besoins, par le gouvernement égyptien, suivant les demandes de ses ingénieurs. Le salaire qui leur sera alloué excédera de plus d'un tiers celui qu'ils reçoivent ordinairement en Egypte ; malgré cela, la compagnie réalisera un bénéfice, car ce prix est inférieur des deux tiers au moins à celui qu'exigerait une entreprise analogue en Europe. Des rations de vivres seront fournies aux ouvriers, et, dans le cas de maladie ou de blessures, ils recevront la moitié de leur solde journalière et des soins gratuits.

Ainsi, la compagnie universelle, en ouvrant une voie matérielle au commerce, ouvre en même temps une route morale à l'humanité. Quoi de plus beau, en effet, que de soulager l'ouvrier dont les forces se sont épuisées par le travail ! Quelle leçon pour l'Europe, que ce décret du 20 juillet, fait à Alexandrie par un prince musulman !

La question financière est en partie déjà résolue. S. A. le vice-roi prend pour lui seul 30 millions d'actions et 2 millions pour les officiers et soldats de son armée. Les actions, qui seront de 500 francs, seront réparties approximativement ainsi qu'il suit : la France, 40 millions de francs; l'Angleterre, pour 40 millions; l'Autriche, 25 millions; l'Empire ottoman, 50 millions; l'Italie, l'Espagne, la Hollande et d'autres puissances, pour 45 millions. D'ailleurs, les demandes d'actions faites dans différents pays dépassent déjà la somme nécessaire.

Il reste à examiner la question au point de vue maritime et commercial. Toutes les nations doivent souhaiter l'exécution du canal de Suez, bien que leurs intérêts y soient plus ou moins engagés. En Angleterre, cependant, quelques hommes, jaloux de l'importance que prendraient les ports méditerranéens, plus à proximité de l'ouverture projetée, contestent les avantages qu'en tirerait la Grande-Bretagne, qui verrait pourtant s'abréger la distance qui la sépare de ses possessions de l'Inde d'au moins de moitié. Le mouvement de la navigation britannique s'est accru, de 1850 à 1855, de près de 100 mille tonnes par année ; il s'accroîtrait encore au moyen du canal de Suez, et augmenterait l'économie d'argent réalisable qui sera dès l'abord de 80 millions de francs. En effet, l'Angleterre figure presque pour les trois quarts dans le mouvement commercial avec l'Asie, et le prix de revient pour un transport de 1,000 tonneaux par le Cap est de 120,000 fr., tandis que par Suez il ne sera que de 72,000 fr., différence en moins 48,000 fr., ou 48 fr. par tonne. Ce qui s'applique à l'Angleterre peut s'appliquer au commerce général, représentant 3 millions de tonnes, lequel fera une économie de 154 millions en passant par Suez.

L'économie de temps est encore plus précieuse : les navires à voiles, qui mettent cent dix à cent vingt jours pour opérer un voyage par le Cap, ne mettront, des ports de la Manche par la voie de Suez, que soixante jours. Cette différence se comprend aisément si l'on observe que la distance de Londres à Ceylan, qui est de 6,000 lieues par le Cap, n'est que de 3,000 par Suez. La distance de la Manche à Bombay, par le Cap, est de 5,950 lieues ; par la Méditerranée elle n'est que de 3,100 lieues ; et, enfin, de la Manche à Calcutta il y a 5,230 lieues par le Cap, et par Suez on n'en compte que 3,218. Aujourd'hui que la navigation à vapeur est partout en usage et tend chaque jour à remplacer les navires à voiles, le trajet pourra s'effectuer en moins de temps encore. Ces avantages sont immenses pour l'Angleterre, et ceux qui les nient se verront forcés d'en reconnaître l'évidence.

La France, cette nation où les grandes inspirations et

ies grandes entreprises trouvent toujours de i ccho et restent rarement infructueuses, sera forcée d'agrandir ses ports de la Méditerranée, et aura l'avantage d'importer directement de l'Inde l'indigo dont elle emploie une grande quantité. Les ports du Havre et de Marseille verront aussi s'abréger la distance qui les sépare de Bombay. Le Havre, qui en est à 5,800 lieues par l'Atlantique, n'en sera plus éloigné que de 2,824 par Suez; Marseille, qui en est à 5,650 par l'Atlantique, par Suez n'en sera éloigné que de 2,374 lieues.

Bien que les résultats avantageux soient moins réels pour la France que pour l'Angleterre, notre pays applaudit avec enthousiasme à une entreprise qui doit rapprocher l'Orient de l'Occident par la voie neutre de l'Égypte. Quelques esprits clairvoyants ont supposé que la Grande-Bretagne agissait sourdement pour s'approprier, à un moment donné, cette grande voie de communication, et que, dans ce but, elle faisait tous ses efforts pour en entraver l'exécution; mais cette supposition a passé comme un nuage dans l'esprit loyal et généreux des Français, pour lesquels l'alliance conclue entre les deux nations semble être le sceau d'une même communion d'intérêts.

En effet, et nous sommes heureux de le constater ici, l'opinion des commerçants et armateurs des principales villes de l'Angleterre, ainsi que celle de la presse de ce pays, est toute en faveur du percement de l'isthme de Suez, dont les avantages évidents sont bien supérieurs à ceux que paraît présenter le chemin de fer de l'Euphrate.

La Hollande s'est aussi associée à la réalisation du projet qui occupe toute l'Europe commerciale : le roi Guillaume III vient de rendre une ordonnance qui nomme une commission pour examiner la question du percement de l'isthme, et faire connaître les changements à opérer dans les ports néerlandais. La Hollande possède Java, Bornéo, Sumatra, et exporte pour plus de 200 millions de francs.

L'Autriche vient, par un décret récent, de donner son assentiment tacite à l'exécution du percement du canal des Deux-Mers, en ordonnant l'agrandissement de ses ports de Trieste (1) et de Venise. Le ministre du commerce prépare en ce moment un mémoire sur la question de l'isthme de Suez, pour présenter aux gouvernements fédéraux.

La Russie ne verra pas avec indifférence cette entreprise couronnée de succès, malgré sa route par terre qui la fait pénétrer jusqu'au cœur de l'Asie. Ses ports de la mer Noire pourront se mettre en concurrence avec ceux de la Manche et de la Méditerranée.

La Grèce y trouvera l'emploi de tous ses petits bâtiments, qui serviront d'intermédiaires sur les côtes d'Afrique.

L'Espagne se rapprochera des Philippines ; la Turquie accroîtra son ascendant sur les populations musulmanes par la facilité d'opérer les pélerinages à la Mecque et à

---

(1) La route de Trieste à Bombay sera abrégée d'environ 3,620 lieues par l'exécution du canal.

Médine, et, de plus, participera pour la moitié dans l'intérêt de 15 0/0 perçu par le gouvernement égyptien sur les bénéfices de la compagnie. Cette participation pourra s'élever à 4 ou 5 millions de francs par an. Constantinople sera rapprochée de l'Inde de près de 4,300 lieues.

La Sardaigne a approuvé une loi, présentée par ses ministres, pour l'agrandissement de son port de Gênes.

Les Etats-Unis, qui marchent immédiatement après l'Angleterre sur le tableau des importations et exportations, et dont les relations avec l'Indo-Chine prennent depuis plusieurs années d'immenses développements, verront s'ouvrir le passage à travers l'isthme comme une source de bénéfices considérables, car, suivant eux, *Time is money*, et la route de New-York à Bombay, qui est de 6,200 lieues par l'Atlantique, n'étant que de 3,701 lieues par Suez, la différence sera de 2,499 lieues, que, dans quelques années, les Américains nous traduiront en millions de francs.

Les Etats pontificaux même s'occupent du canal de Suez, et, dans cette vue, le Pape créerait, dit-on, un port, nommé Tyrrhène, dans la baie d'Anzio.

Telle est la position des nations vis-à-vis la question du percement du canal de Suez. La science s'est prononcée, les capitaux se sont offerts, les avantages sont reconnus, espérons donc que le Sultan, pénétré de la mission que le ciel lui a départie, viendra lever le léger obstacle qui s'oppose à l'exécution de cette œuvre grandiose.

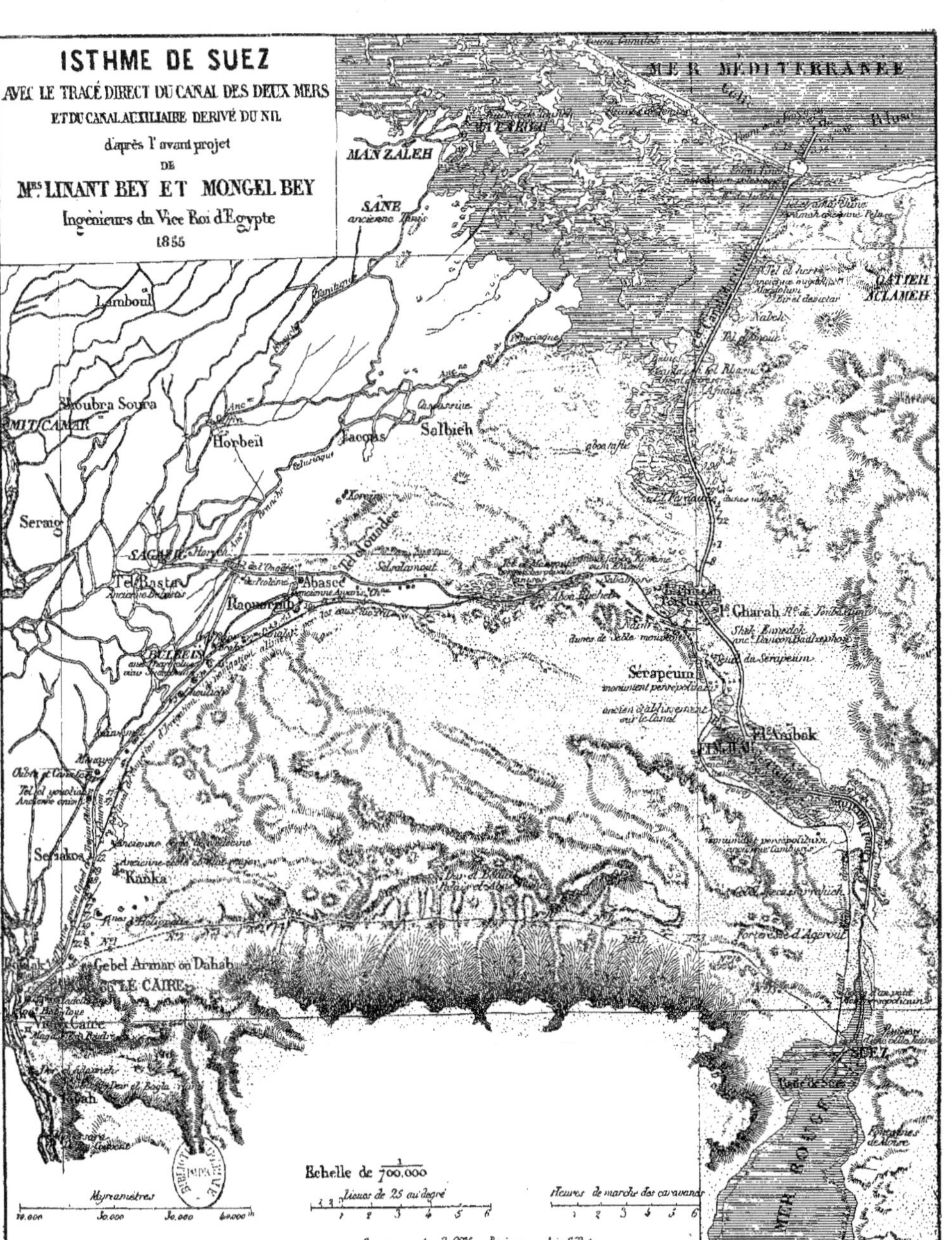

ISTHME DE SUEZ
AVEC LE TRACÉ DIRECT DU CANAL DES DEUX MERS
ET DU CANAL AUXILIAIRE DERIVÉ DU NIL
d'après l'avant projet
DE
Mrs LINANT BEY ET MONGEL BEY
Ingénieurs du Vice Roi d'Egypte
1855
MER MÉDITERRANÉE
MANZALEH
SANE
ancienne Tanis
Lamboul
Shoubra Soura
MIT CAMAR
Horbeït
Jacoas
Solbieh
Serag
SAGHA
Tel Basta
Abasce
Raoumah
BELBEIS
Seriakos
Kanka
Gebel Armar ou Dahab
LE CAIRE
Caire
QATIEH
ÉCLAMEH
Serapeum
EL AMBAK
SUEZ
MER ROUGE
Echelle de 1/700,000
Myriamètres
Lieues de 25 au degré
Heures de marche des caravanes
Gravé par Avril frères — Panismographie Gillot.